科学探秘
培养儿童科学基础素养

了解季节
等待雪花的小熊

温会会 / 文　曾平 / 绘

浙江摄影出版社

全国百佳图书出版单位

天气越来越冷了，小熊依偎在熊妈妈的怀里。

熊妈妈给小熊讲起了故事："到了寒冷的冬天，美丽的雪花会从空中落下来，大地仿佛变成了童话世界……"

听着听着，小熊迷迷糊糊地睡着了。
这一觉，他睡了很久很久……

终于，小熊醒来了。他睁开眼睛，看见
窗外有彩色的东西在飘落。
"妈妈，这是雪花吗？"小熊问。
"不，这是春天的花瓣。"熊妈妈答。

小熊打开窗户，一朵朵轻盈的东西飞了进来。
它们浑身毛茸茸的，可爱极了！
"妈妈，这是雪花吗？"小熊问。
"不，这是春天的柳絮。"熊妈妈答。

小熊走出山洞，闻到了阵阵花香。花朵旁，有一群可爱的东西在飞舞。

"妈妈，这是雪花吗？"小熊问。

"不，这是春天的蝴蝶。"熊妈妈答。

树叶越来越绿，天气越来越热。
突然，天空中落下了许多湿漉漉的东西。
"妈妈，这是雪花吗？"小熊问。
"不，这是夏天的阵雨。"熊妈妈答。

夜晚，蝉鸣阵阵，森林里十分热闹。灌木丛中，有东西在闪闪发光！

"妈妈，这是雪花吗？"小熊问。

"不，这是夏天的萤火虫。"熊妈妈答。

炎热渐渐退去，早晚变得凉快起来。

站在树下，小熊发现一片片金黄的东西正
飘落下来。

"妈妈，这是雪花吗？"小熊问。

"不，这是秋天的落叶。"熊妈妈答。

清晨，天蒙蒙亮，小熊出来玩耍。他发现，野草上凝结着白色的东西。
"妈妈，这是雪花吗？"小熊问。
"不，这是秋天的霜花。"熊妈妈答。

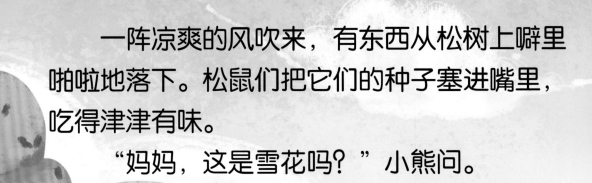

一阵凉爽的风吹来，有东西从松树上噼里啪啦地落下。松鼠们把它们的种子塞进嘴里，吃得津津有味。

"妈妈，这是雪花吗？"小熊问。

"不，这是秋天的松果。"熊妈妈答。

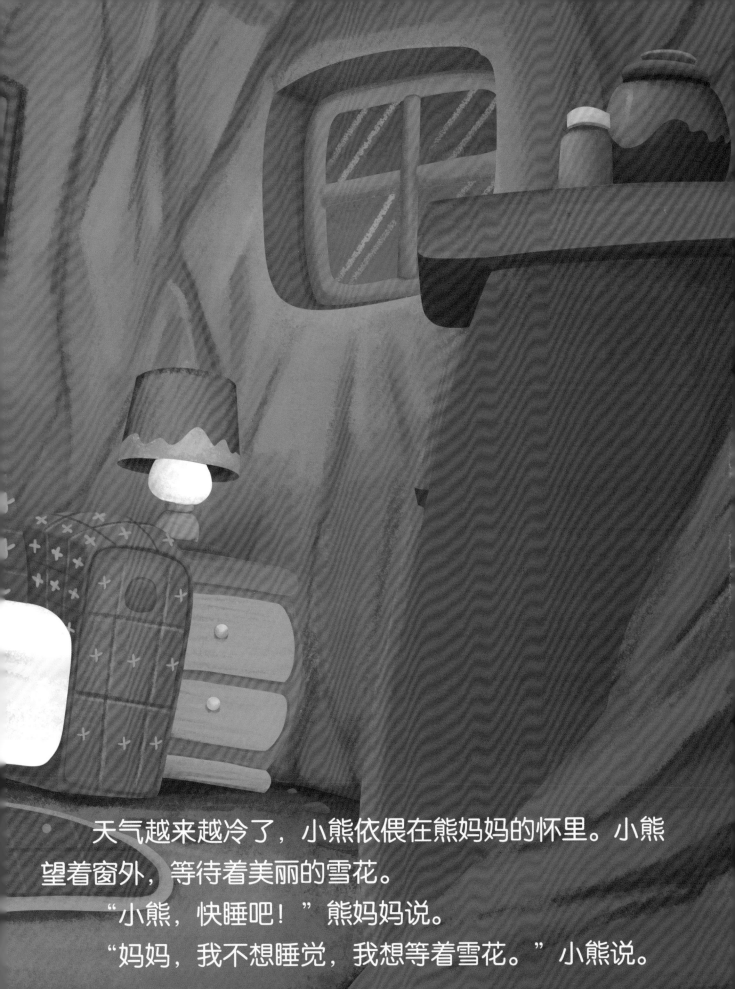

天气越来越冷了，小熊依偎在熊妈妈的怀里。小熊望着窗外，等待着美丽的雪花。

"小熊，快睡吧！"熊妈妈说。

"妈妈，我不想睡觉，我想等着雪花。"小熊说。

等啊等，小熊迷迷糊糊地睡着了。
"小熊快起来，看看窗外！"
熊妈妈叫醒了小熊。

小熊睁开眼睛一看，漫天的白色"花朵"在飞舞！
"妈妈，这是雪花吗？"小熊问。
"对，这就是冬天的雪花。"熊妈妈答。

责任编辑　陈　一
文字编辑　徐　伟
责任校对　朱晓波
责任印制　汪立峰

项目设计　北视国

图书在版编目（ＣＩＰ）数据

了解季节：等待雪花的小熊 / 温会会文；曾平绘
. -- 杭州：浙江摄影出版社，2022.8
（科学探秘·培养儿童科学基础素养）
ISBN 978-7-5514-4031-8

Ⅰ．①了… Ⅱ．①温… ②曾… Ⅲ．①季节－儿童读
物 Ⅳ．① P193-49

中国版本图书馆 CIP 数据核字（2022）第 127786 号

LIAOJIE JIJIE : DENGDAI XUEHUA DE XIAOXIONG

了解季节：等待雪花的小熊
（科学探秘·培养儿童科学基础素养）

温会会 / 文　曾平 / 绘

全国百佳图书出版单位
浙江摄影出版社出版发行
　　地址：杭州市体育场路 347 号
　　邮编：310006
　　电话：0571-85151082
　　网址：www. photo. zjcb. com
制版：北京北视国文化传媒有限公司
印刷：唐山富达印务有限公司
开本：889mm×1194mm　1/16
印张：2
2022 年 8 月第 1 版　　2022 年 8 月第 1 次印刷
ISBN 978-7-5514-4031-8
定价：39.80 元